GUIDE

POUR L'EMPLOI

DE LA CHAUX

EN AGRICULTURE

PARIS
LIBRAIRIE DE L. HACHETTE ET Cie
RUE PIERRE-SARRAZIN, N° 14

1860

CHAUX GRASSE ET BLANCHE

DES FOURS A FEU CONTINU

DE

LA ROCQUE ET DE BAHAIS

(Manche)

ARRONDISSEMENT DE SAINT-LÔ,

COMMUNES DE LA MEAUFFE, D'AIREL ET DE CAVIGNY,

traversées par

LE CANAL DE VIRE-ET-TAUTE ET LE CHEMIN DE FER DE L'OUEST

(Embranchement de Saint-Lô).

PRIX DE VENTE DE LA CHAUX

QUALITÉ SUPÉRIEURE

14 FRANCS LES 1000 KILOGRAMMES.

Livraison à toute époque de l'année.

S'adresser, pour toutes les commandes,

A TOUTES LES STATIONS DES CHEMINS DE FER

DE PARIS A CHERBOURG ET DE CAEN A ALENÇON

Et dans toutes les localités qu'ils desservent.

Adresser les lettres **franco** ***à MM*** **A. MOSSELMAN** ***et*** **Cie,**
à **la Rocque Genest** (commune de la Meauffe) (*Manche*).

GUIDE

POUR L'EMPLOI

DE LA CHAUX

EN AGRICULTURE

PARIS
LIBRAIRIE DE L. HACHETTE ET Cie
RUE PIERRE-SARRAZIN, N° 14

1860

PARIS. — IMPRIMERIE DE CH. LAHURE ET Cie
Rues de Fleurus, 9, et de l'Ouest, 21

GUIDE

POUR L'EMPLOI

DE LA CHAUX

EN AGRICULTURE.

ÉTAT NATUREL DE LA CHAUX. — FABRICATION.

La chaux, dont l'aspect est bien connu de tout le monde, est une des substances les plus répandues à la surface du sol où elle joue un rôle très-important. Le plus souvent on la trouve unie à d'autres principes chimiques avec lesquels elle forme des combinaisons; la plus commune de celles-ci est le carbonate de chaux ou pierre calcaire, ou encore marbre qui, en raison même de son abondance, sert à la fabrication de la chaux; le sulfate de chaux ou *plâtre* est encore une substance très-commune; enfin dans le corps des végétaux on trouve la chaux sous divers états. Les sels calcaires forment à peu près les trois quarts des cendres de la tremaine et des autres légumineuses, fèves, pois, etc. Ils entrent pour une proportion plus ou moins grande dans toutes les céréales. La chaux est donc un élément constituant des tissus des plantes qui ne peuvent croître et se développer si elles en sont privées.

Pour obtenir la chaux caustique ou chaux proprement dite, on chauffe pendant longtemps jusqu'au rouge et dans des appareils spéciaux, le carbonate de chaux ou calcaire préalablement réduit en fragments de dimensions convenables; pendant cette opération, l'acide carbonique, qui est un gaz, s'échappe dans l'atmosphère, et la chaux avec laquelle il était combiné reste seule. Sous cet état, sa propriété principale et caractéristique est la causticité, c'est-à-dire qu'elle a une saveur brûlante et qu'elle attire l'eau avec beaucoup d'énergie pour s'unir à elle.

Affinité énergique que montre la chaux pour l'eau. — Conséquence de cette propriété sur les terrains humides. — Assainissement des prairies mucres. — Destruction du jonc, de la mousse et des plantes aquatiques.

L'affinité qu'a pour l'eau la chaux, fait qu'on emploie souvent celle-ci comme desséchant. Placez dans une chambre très-humide une boîte renfermant 4 ou 5 kilogrammes de chaux et laissez l'y séjourner pendant deux ou trois jours; au bout de ce temps, si l'air de la chambre n'a pas été trop souvent renouvelé, on découvrira que toute humidité a disparu, absorbée par la chaux.

Un effet de ce genre est produit lorsqu'on emploie la chaux dans l'agriculture sur des terrains humides; elle s'empare de l'eau en excès et l'empêche d'être nuisible. Aussi l'on conçoit que des prairies, dans lesquelles la racine de la plante est trop mouillée, puissent recevoir un effet très-favorable de cette dessiccation partielle opérée par la chaux; les prairies dans cet état sont dites *mucres* (humides) en Normandie, où elles abondent, et elles ont été à peu près sans valeur jusqu'au jour où l'emploi de la chaux en grande quantité est venu les régénérer et faire croître les herbes à demi pourries par un excès d'eau ; ainsi, partout où vous voyez le terrain humide ou marécageux, sur le bord des cours d'eau, dans les vallées ombragées, dans les terrains bas, partout où les herbes fourragères sont étouffées par le jonc, la mousse ou les plantes aquatiques, dans tous ces lieux-là la chaux produira des merveilles.

Vous ne pouviez pas y conduire vos moutons auxquels l'humidité des pieds occasionne de graves maladies, ni vos poulains qui demandent un terrain sec; après y avoir mis de la chaux en quantité suffisante, vos troupeaux, vos chevaux, vos vaches pourront y séjourner sans inconvénient, et l'herbe maladive et jaunâtre qui végétait misérablement, sera remplacée par un pâturage de première qualité.

Action de la chaux sur les terrains trop secs. Elle y entretient la fraîcheur.

Une chose qui paraît bizarre au premier abord, mais qui s'explique très-aisément, c'est que la chaux n'est pas moins utile et pas moins favorable aux terrains trop secs ou trop arides de leur nature qu'aux terrains trop maigres : en effet, mise dans un sol sablonneux et sec, la chaux, ne pouvant plus prendre l'humidité au terrain lui-même, l'emprunte à l'atmosphère, elle fixe par ce moyen et conserve dans le sol les plus légères rosées, et y entretient une fraîcheur et une humidité bienfaisantes que le terrain trop léger laisserait échapper avec une facilité excessive à la moindre élévation de température, aux moindres rayons du soleil. Avez-vous donc un terrain aride, sablonneux? une prairie trop sensible aux variations de pluie ou de sécheresse? un herbage dont le sol se fend en été et ne laisse croître qu'une herbe jaunâtre et brûlée? Mettez-y de la chaux en abondance et vous ferez disparaître tous ces effets fâcheux, par l'humidité que la chaux appellera d'une manière uniforme dans la couche de terre végétale.

Foisonnement de la chaux. — Son augmentation de volume, variable selon sa pureté. — Économie résultant du foisonnement. — Faible foisonnement des chaux maigres, preuve qu'elles sont impures. — Foisonnement nul de la chaux hydraulique.

Lorsqu'on répand une quantité modérée d'eau sur de la chaux vive, on voit celle-ci se boursoufler, se fendre dans toutes les directions et se réduire finalement en une poussière blanche impalpable; ce phénomène, qui porte le nom de *foisonnement* de la chaux, est accompagné d'une augmentation considérable de volume; plus la chaux est pure et plus cet accroissement de volume a d'importance. Aussi le foisonnement de la chaux peut-il être considéré comme l'indice et la mesure de la pureté de cette substance; les chaux très-pures, désignées dans le commerce sous le nom de *chaux grasses*, prennent un volume à peu près double de celui qu'elles avaient avant le foisonnement.

La chaux grasse de la Rocque et Bahais va même jusqu'à tripler de volume, ce qui est la preuve d'une pureté exceptionnelle.

Le fait du foisonnement a beaucoup d'importance pour l'acheteur, car en définitive, c'est toujours en poudre foisonnée que la chaux est employée sur le terrain. Supposons alors deux chaux de nature différente mais coûtant le même prix ; si l'une double de volume par le foisonnement tandis que l'autre triple, nous aurons un avantage de 33 pour cent à employer cette dernière, soit au point de vue du transport, soit comme économie d'emploi puisque, par exemple, un hectolitre de cette chaux vive apportée sur les champs nous donnera trois hectolitres de poudre, tandis que la première n'aurait fourni que deux hectolitres.

S'il en est ainsi pour deux qualités de chaux à peu près également grasses, à plus forte raison la chaux grasse doit-elle avoir la préférence sur la chaux maigre; cette dernière augmente très-peu de volume par foisonnement, car un hectolitre de chaux vive ne donne guère qu'un hectolitre et demi de poudre; outre que ce fait est désavantageux pour les transports, il provient, avons-nous dit, de l'impureté de la chaux qui est alors mélangée d'argile ou terre. La présence de cette matière inerte entraîne naturellement un déchet et une augmentation du prix réel. En outre elle affaiblit par son mélange l'action de l'amendement calcaire et en atténue l'efficacité.

Les chaux les plus impures sont les chaux hydrauliques; elles sont mélangées d'argile dans des proportions variables qui atteignent souvent un tiers de leur poids. Elles n'augmentent pas de volume par foisonnement. Ne serait-ce que pour ces deux raisons, l'agriculture doit en rejeter l'emploi sans hésiter. On ne conteste pas la valeur de la chaux hydraulique pour certaines constructions spéciales, mais pour l'amendement du sol elle ne vaut rien du tout.

Certains agriculteurs, ne considérant que le prix de

vente, disent que la chaux grasse de la Rocque et la chaux hydraulique du Calvados sont au même prix de 14 fr. les 1000 kilos. En réalité, c'est là une erreur, car la chaux de la Rocque foisonne trois fois son volume et ne renferme tout au plus qu'un dixième de matières terreuses, tandis que la chaux hydraulique du Calvados ne foisonne pas du tout et renferme 30 pour 100 d'argile ; ainsi, en faisant la déduction de l'argile qui n'a aucune valeur, on trouve que l'on achète pour 15 fr. 55 c. à la Rocque *la même quantité* de chaux pure qui coûte 20 fr. aux fours du Calvados.

Causes qui doivent faire rejeter les chaux maigres et hydrauliques pour l'agriculture. — Durcissement de la terre.

Nous avons dit ailleurs quels sont les autres désavantages de la chaux maigre et surtout de la chaux hydraulique ; d'abord, la perte que fait éprouver le transport à une distance souvent considérable de l'argile mélangée à la chaux et qui est tout à fait sans action sur le sol ; ensuite le durcissement des mottes, auquel on est exposé si la pluie survient après l'épandage de la chaux ; car on sait que la chaux hydraulique a la propriété de prendre la dureté de la pierre quand elle séjourne dans l'eau ou dans un terrain humide. On voyait l'année dernière, entre Saint-Lô et Isigny, quelques champs qui furent surpris par des pluies prolongées après avoir reçu une quantité considérable de chaux hydraulique du Calvados : le durcissement fut tel que ni le labourage, ni des hersages multipliés n'ont pu les remettre dans leur état primitif; encore aujourd'hui ces terrains ont un aspect particulier, on dirait qu'ils ont été semés de cailloux, les mottes sont compactes, agglutinées, et les pluies ne peuvent y produire aucun bon effet. Dans un cas semblable la dépense faite par le propriétaire lui est plus nuisible qu'utile, faute par lui d'avoir acheté de la chaux grasse au lieu de chaux hydraulique. Il est donc de la plus haute importance pour le cultivateur de ne se servir que de chaux grasse; c'est pour lui non-seulement une question d'économie, mais une question de réussite.

Chaleur produite par le foisonnement. — Influence qu'il exerce sur les plantes.

L'accroissement de la chaux pendant le foisonnement se fait avec une élévation de température très-considérable et une force en quelque sorte irrésistible; il est fort possible que ce dégagement de chaleur ait un effet favorable à la végétation quoiqu'il ne soit que momentané. Depuis très-longtemps cette opinion est admise parmi les paysans de nos contrées, que la chaux *échauffe* la terre ; ils ne veulent pas seulement désigner par ce mot la vigueur que la chaux imprime à la végétation par ses propriétés chimiques, ils entendent aussi un certain effet calorifique que la chaux déterminerait en foisonnant lentement dans le sein de la terre et auprès des racines des plantes.

Quoi qu'en disent quelques savants, il se pourrait très-bien que cette source de chaleur, quelque passagère qu'elle soit, ne restât pas sans effet sur le développement des plantes et servît à lui communiquer une certaine impulsion.

Force développée par l'augmentation de volume de la chaux. — Conséquence de cette propriété sur les terrains compactes. — Modification favorable apportée à la nature du sol.

Nous avons dit que l'augmentation de volume de la chaux pendant son foisonnement se fait avec beaucoup de force; il serait inutile de la comprimer, même très-fortement, pour s'opposer à cet effet, elle surmonterait tous les obstacles, briserait les vases dans lesquels on pourrait la mettre, soulèverait les poids dont on pourrait la charger. C'est ainsi qu'on a beau recouvrir d'une couche épaisse de terre les *binots* ou tas de chaux grasse déposés dans les champs, on ne tarde pas à voir cette enveloppe se crevasser, se fendre de toutes parts, pour laisser échapper une masse relativement énorme de poudre blanche.

L'application de cette propriété à l'amendement du sol est essentielle; répandez de la chaux sur un terrain naturellement dur, tenace et compacte comme il y en a tant dans les contrées argileuses de la Normandie, la chaux mélangée intimement à ce terrain va y accomplir avec lenteur son foisonnement; elle produira un effet analogue à celui signalé tout à l'heure pour les binots, c'est-à-dire qu'elle soulèvera le sol en le brisant, elle l'émiettera, elle le réduira en particules fines, en un mot elle le rendra meuble de compacte qu'il était : dès lors, ce sol sera aisément accessible à l'air, à la pluie, à l'action des différents agents atmosphériques qui concourent à la végétation, et les racines des plantes, ne rencontrant plus la résistance d'un milieu tenace et dur, s'étendront au loin, donnant ainsi au végétal une nourriture plus abondante et une vigueur nouvelle. Une expérience bien simple démontre la vérité de cette observation : arrachez un pied d'herbe dans une prairie à sol argileux et compacte, vous ne trouverez qu'un mince paquet de racines grêles et courtes; arrachez un autre pied d'herbe dans un terrain ameubli, fouillé, émietté par l'action de la chaux, et vous trouverez une racine chevelue, vigoureuse et d'une grande étendue.

Emploi de la tangue pour produire un effet analogue. — Son insuffisance. — La chaux est le seul moyen satisfaisant dans ce cas. — Importance énorme dans les pays à herbages.

Autrefois on obtenait cet effet d'ameublissement par l'emploi de la tangue; mais le résultat était extrêmement défectueux et la plupart des agriculteurs ont abandonné l'emploi de cette matière, car les tangues vives ou *sablon* qui possèdent, à un faible degré, la faculté d'ameublir le sol en le divisant, ont l'inconvénient d'introduire une grande quantité de silice ou sable et par conséquent elles détériorent le fonds; quant aux tangues grasses, étant par elles-mêmes très-gluantes et argileuses, elles ne peuvent amender, sous ce rapport, des champs déjà trop argileux et trop compactes; tout au plus peuvent-elles y agir comme engrais par la petite quantité de matières organiques qu'elles y apportent; ainsi l'emploi de la chaux pour l'ameublissement des terrains tenaces a résolu un problème resté jusqu'ici sans solution satisfaisante. Sans aucun doute, c'est là un résultat d'une immense portée dans une province dont le sol est naturellement très-argileux et qui cependant est presque entièrement semé en herbe dont les racines exigent un milieu facile à traverser et perméable aux gaz comme à la pluie. Ne serait-ce que sous ce rapport, la chaux est d'un emploi tout à fait nécessaire partout où la culture des prairies naturelles ou artificielles occupe une place importante dans le régime agricole. Ne serait-ce que par cette seule propriété de la chaux, on pourrait déjà expliquer l'énorme accroissement de revenu auquel son emploi a donné lieu, dans tous les pays à herbages comme l'Angleterre, la Normandie, la Bretagne, la Mayenne, la Sarthe, etc., etc.

Influence de la grandeur et de la forme des fours sur la qualité de la chaux.

Les fours à chaux sont de divers modèles et de diverses dimensions; leur capacité varie aussi dans de très-grandes limites. Les fours à chaux de la Rocque-Genest sont au nombre des plus grands qui existent en France; la forme intérieure et les dimensions en ont été adoptées à la suite d'une longue expérience et d'un examen approfondi de tout ce qui peut concourir à perfectionner la fabrication de la chaux. Aussi, l'on peut affirmer que nulle part cet amendement n'est préparé avec plus de soins et dans de meilleures conditions. La cuisson étant parfaitement régulière et parfaitement uniforme, les fours à chaux de la Rocque ne donnent qu'une quantité insignifiante de ces pierres incomplétement cuites que l'on nomme *rigaux* et qui peuvent être pour le cultivateur la cause d'un déchet énorme lorsqu'il s'approvisionne à ces petits fours à chaux d'ancien système où la cuisson est mal faite et irrégulière.

Influence du charbon sur la qualité de la chaux. Déchet considérable par les rigaux ou incuits.

Le charbon employé à la Rocque est la houille de qualité supérieure que M. Mosselman fait venir des mines les plus renommées.

Par ce moyen il n'est pas exposé à avoir des cuissons inégales ou imparfaites, et il peut garantir de la chaux de première qualité; nous pourrions citer tel four à chaux du Calvados ou même de la Manche qui, se servant par économie de mauvaises houilles terreuses, ne fournit que de la chaux à moitié cuite; la plupart des morceaux, lorsqu'on les casse, présentent à leur centre un noyau de pierre que le feu n'a pas touché; nous connaissons des propriétaires qui ont eu par cette cause jusqu'à un tiers de déchet sur leur approvisionnement, et cependant ces fours à chaux prétendent qu'ils livrent la chaux au même prix que la Rocque!... mais ils ne tiennent pas compte des vingt à trente pour cent de pierre à moitié cuite qu'ils font payer comme chaux grasse.

Chaux cuite au bois, prétendus avantages, préjugés.

Quelques savants théoriciens ont prétendu que la chaux cuite au bois pouvait présenter des avantages sur celle qui est cuite au charbon, à cause de certains principes, comme le soufre ou autre, que le charbon pourrait laisser échapper pendant la combustion; c'est là une erreur, car, pour que le charbon pût transmettre à la chaux quelque principe chimique nuisible, il faudrait que celui-ci fût volatil pour pouvoir pénétrer intimement les morceaux de chaux. Or, s'il est volatil, la température élevée du four le chassera évidemment dans l'atmosphère. Le préjugé dont il est ici question paraît avoir quelque fondement lorsqu'il s'agit de petits fours intermittents, parce que le feu s'y fait *en bas* et que les matières volatiles dégagées par la combustion de la houille ont à traverser toute la masse de chaux avant d'arriver à l'air libre; mais il est dénué de tout appui dans les grands fours à marche continue de la Rocque-Genest puisque le feu est *en haut* et que les gaz du foyer s'échappent dans l'air sans toucher à la chaux située au-dessous. D'ailleurs, en admettant même que la houille pût avoir quelque influence sur la qualité de la chaux, on n'aurait jamais rien à redouter lorsqu'on se sert, comme on le fait à la Rocque, des meilleures houilles qui brûlent sans mauvaise odeur, et pour ainsi dire, sans donner de cendres.

Quant aux qualités que le bois pourrait, de son côté, communiquer à la chaux par certains corps qu'il renferme, comme par exemple la potasse, outre qu'il est difficile d'expliquer comment la potasse, principe fixe des cendres, pourrait pénétrer la chaux placée dans le four, il est évident que ces prétendues qualités sont tout à fait imaginaires; car, si l'on considère quelle minime proportion de potasse contient le bois, et d'autre part l'énorme quantité de chaux sur laquelle cette potasse se trouverait répartie, on est forcé de convenir qu'il serait presque absurde de vouloir attribuer un effet sensible à cette dose infiniment petite de la substance désignée.

Diverses sortes de chaux, prix de vente aux fours

On distingue dans le commerce plusieurs sortes de chaux auxquelles la fabrication donne lieu, ce sont : la *grosse chaux*, le *tout venant* et enfin les *menus*.

Grosse chaux.

La grosse chaux se vend 20 fr. les 1000 kilogr.; son usage est restreint et on n'en livre que de faibles quantités. Elle sert principalement à faire le *lait de chaux* au moyen duquel on blanchit les murs des appartements, des écuries, les boiseries etc.; on emploie encore le lait de chaux pour le chaulage des semences de blé, opération dont il sera parlé plus loin.

Tout venant.

Le tout venant est le mélange de morceaux de diverses grosseurs et de menus, tel qu'on le retire du four après la cuisson ; c'est sous cet état que la chaux est achetée pour les besoins de l'agriculture.

Le tout venant se vend 14 francs les 1000 kilogrammes, soit 7 francs les 500 kilogrammes; celui qui provient des fours de la Rocque ne contient que peu de menus; par suite des soins apportés à la fabrication et de la belle qualité de la pierre, la chaux se brise peu dans l'intérieur du four, la majeure partie est donc composée de morceaux assez gros et d'une blancheur parfaite.

Pendant les transports, la chaux de la Rocque se brise un peu; mais cela ne doit donner aucune inquiétude aux acheteurs, d'abord parce que la chaux en menus morceaux est tout aussi bonne que celle qui est en gros morceaux, ensuite parce que la fragilité de la chaux est une preuve certaine de sa pureté ; les chaux grasses sont toujours tendres et friables, il n'y a que les chaux impures et terreuses qui puissent résister à des chocs répétés sans se briser, et l'on sait que ces chaux qui se rapprochent de la pierre par leur aspect et leur dureté, sont de mauvaise qualité et désavantageuses pour les usages agricoles.

Aussi les agriculteurs consommés, avant d'acheter de la chaux, ont l'habitude d'en casser un morceau entre leurs doigts; s'ils la trouvent dure et résistante, c'est de la chaux maigre et ils n'en veulent à aucun prix; si elle se brise aisément, si elle est tendre, friable, c'est de la chaux grasse et pure, c'est-à-dire de la chaux parfaite pour l'amendement des terres; ainsi loin de s'inquiéter de ce que la chaux de la Rocque se brise un peu dans les transports, les agriculteurs doivent considérer ce fait comme la preuve certaine de la supériorité de cette chaux sur toutes celles qu'on pourrait leur présenter en morceaux durs et pierreux.

Petite chaux.

Les menus, c'est-à-dire la chaux en très-petits fragments, ne se vendent que 10 francs les 1000 kilogrammes ou 5 francs les 500 kilogrammes. Par un préjugé très-nuisible à leurs intérêts, certains cultivateurs éprouvent de la répugnance à faire usage de ces menus ; ils prétendent que la cendre du charbon restant nécessairement mélangée aux menus, ceux-ci se trouvent d'une qualité inférieure et donnent un déchet représenté par le poids de la cendre qu'ils contiennent. Cette observation peut avoir quelque portée pour les fours du Calvados qui se servent de houilles terreuses et de mauvaise qualité fournissant par suite une énorme proportion de cendres, mais le charbon employé à la Rocque étant du charbon de qualité supérieure qui se consume tout entier et presque sans laisser de résidus, il est clair que les menus de la Rocque sont tout aussi bons que les gros morceaux.

Il est facile de démontrer cette vérité par l'expérience : en effet, les menus de la Rocque foisonnent tout autant que les gros morceaux, ce qui n'aurait pas lieu s'ils contenaient une quantité appréciable de cendres ; en outre on peut faire, avec les menus, du lait de chaux d'une blancheur aussi parfaite que celui qu'on obtiendrait avec des morceaux choisis, ce qui prouve bien que ces menus ne sont composés que de chaux pure.

Expérience comparative de chaux de diverses provenances.

Enfin pour terminer ce qui a rapport à la qualité de la chaux que l'on fabrique à la Rocque, nous citerons l'expérience suivante : Mettez dans un verre un morceau de cette chaux, versez de l'eau dessus, et agitez quelques instants avec un morceau de bois ; la chaux se délaye *tout entière* en formant un liquide épais et d'une blancheur parfaite, ce qui démontre bien que cette chaux est pure. Faites la même expérience avec une chaux du Calvados ou tout autre qui soit maigre ou hydraulique, et vous obtenez, au lieu d'un lait de chaux, un liquide jaunâtre ; de plus il reste au fond du verre un résidu terreux de quelques centimètres de hauteur ; ce résidu de sable et d'argile donne une idée de la perte et du déchet auxquels on s'expose inévitablement en achetant toute autre chaux que la chaux pure et blanche de la Rocque-Genest.

TERRAINS OÙ LA CHAUX DOIT ÊTRE EMPLOYÉE.

C'est évidemment dans les terrains où elle manque absolument que la chaux est le plus nécessaire et qu'elle produit les meilleurs résultats; dès lors elle est indispensable dans tous les pays dont le sol est granitique, siliceux, schisteux ou fortement argileux.

Manche.

Le département de la Manche est un de ceux où la chaux produit les meilleurs effets ; le sol en est formé par des rochers schisteux desquels la chaux est tout à fait absente ; la couche arable résultant de la décomposition de ces rochers est elle-même dépourvue de ce principe chimique si nécessaire au développement des plantes; ce n'est qu'en introduisant dans ce terrain de grandes quantités de chaux et en la renouvelant chaque année, à mesure que les récoltes l'absorbent, que l'on pourra maintenir la fertilité actuelle et la richesse des prairies de ce département.

Orne.

Dans l'Orne l'absence de la chaux dans les roches naturelles, est peut-être encore plus complète; le sol y est formé tantôt des mêmes schistes que dans la Manche, tantôt de granit siliceux et aride.

Mayenne.

La Mayenne est dans le même état que l'Orne et la Manche. Le chaulage y est déjà usité sur quelques points et il ne reste plus qu'à y vulgariser l'emploi de la *chaux grasse* pour que son revenu agricole reçoive un grand accroissement.

Bretagne.

Dans la Bretagne, où domine le granite, l'amendement par la chaux ne produirait pas de moindres effets. Toutes ces contrées, avec leurs immenses populations exclusivement consacrées à l'agriculture, subsistent et s'enrichissent par l'élève des bestiaux. Or, on n'a pas de bestiaux sans herbe, et sans la chaux il est impossible d'avoir une herbe vigoureuse et nourrissante; toute la Bretagne, avec le département de la Mayenne, et toute la partie ouest de la Normandie, sont des contrées dépourvues de chaux et dans lesquelles il faut réparer artificiellement le défaut de la nature.

Effets sur les terrains calcaires.

On a cru pendant longtemps que lorsque le sol est calcaire, c'est-à-dire contient naturellement beaucoup de chaux, il était inutile d'y employer cette substance comme amendement, mais l'expérience a bien prouvé qu'il n'en est pas ainsi; la chaux vive produit des effets au moins aussi remarquables dans les pays à sous-sols calcaires que dans les pays granitiques; cela vient sans doute, de ce que la chaux existant là à l'état de carbonate, c'est-à-dire formant une combinaison stable, les végétaux ne peuvent pas l'absorber aisément.

Pays crayeux.

(Champagne, bassin de Paris.)

Il est certain qu'il n'est pas de sols plus maigres et plus arides que ceux de la Champagne, par exemple, qui est exclusivement formée de craie ou de carbonate de chaux. Ces pays ont un terrain froid, sans vigueur; les plantes s'y développent mal et l'on a trouvé d'immenses avantages à leur communiquer une énergie artificielle au moyen de la chaux.

Pays de Caen.

(Calvados et Eure.)

Dans la plaine de Caen il en est de même jusqu'à Lisieux et Bernay; le sous-sol est calcaire et cependant les agriculteurs qui ont essayé la chaux en ont obtenu des résultats merveilleux.

Argentan et Alençon.

Argentan et Alençon, dans le département de l'Orne, sont dans une situation analogue; la chaux y est employée déjà sur une certaine échelle, son emploi y a doublé l'importance des récoltes et il ne reste plus qu'à y répandre, en abondance, les chaux pures et grasses pour obtenir dans ces contrées des résultats aussi grands que ceux qui ont été constatés dans la Mayenne.

Campagne d'Évreux.

Enfin du côté d'Évreux la chaux est à peu près inconnue, mais elle n'y a pas moins d'avenir que dans le département de la Manche. Faute de pouvoir s'y procurer de la chaux grasse à bon marché, l'agriculture a été réduite jusqu'à présent à employer la marne, amendement coûteux et d'un effet toujours problématique.

L'emploi de la chaux nécessaire dans les climats humides.

Dans toutes les contrées que nous venons d'énumérer, ce n'est pas seulement la nature du sous-sol qui rend nécessaire l'emploi de la chaux, c'est aussi l'influence du climat. Le nord-ouest de la France est une zone pluvieuse et humide, les vallées y sont traversées par de nombreux cours d'eaux, les terrains y sont bas et imbibés d'humidité ; il y a donc une tendance à l'envahissement du sol par la mousse, les joncs, les laîches, en un mot par toutes ces plantes qui se plaisent dans les terrains *mucres*.

Il est indispensable de combattre cette influence par l'emploi de la chaux en grande quantité, et si l'on observe que cet élément est rapidement enlevé par les récoltes, ainsi que le démontrent les expériences les plus dignes de foi, on arrive à conclure que l'emploi de la chaux doit y être souvent renouvelé, chaque trois ou quatre ans, par exemple, sur un même terrain. Si l'on a employé de bonne chaux grasse on peut même laisser six et sept ans d'intervalle entre deux chaulages consécutifs.

Durée variable de l'effet de la chaux.

Les diverses espèces de chaux grasses paraissent présenter à l'emploi des différences que la science n'explique pas, mais qu'il est essentiel de ne pas passer sous silence puisque les cultivateurs s'en préoccupent et en tiennent compte lors de leurs achats.

La plus importante est celle relative à l'intensité e à la durée de l'action de la chaux; les agriculteurs qui ont une longue habitude du chaulage disent que certaines chaux grasses ont un effet plus régulier, plus constant et plus durable que d'autres qui cependant paraissent, au premier aspect, être aussi bonnes. Ainsi on s'accorde à trouver que la chaux grasse de la Rocque est bien supérieure sous ces rapports à toutes les autres, même à celles qui pourraient lutter avec elle au point de vue de la pureté.

Chaux grasse de Coutances. — Supériorité reconnue de la chaux de la Rocque.

La chaux de Regnéville et de Hienville (Manche), arrondissement de Coutances, est blanche et grasse, mais son effet n'a pas de durée; elle agit très-énergiquement dans les premiers temps de son application, elle *brûle la terre*, disent les cultivateurs, mais au bout d'un an son effet est usé; il faudrait en remettre de nouveau pour entretenir le terrain dans un état satisfaisant. Cette année, malgré le bas prix auquel était vendue cette chaux de Coutances, beaucoup de cultivateurs sont revenus s'approvisionner à la Rocque; après en avoir essayé ils déclaraient qu'il y a encore plus d'avantage à acheter cette dernière chaux 7 francs qu'à payer celle de Coutances 6 francs 50 centimes les 500 kilogrammes; cependant la chaux de Coutances est la seule qui se rapproche un peu de celle de la Rocque, comme pureté et foisonnement.

Quantité de chaux à employer.

Dans les contrées où la chaux est connue et appréciée depuis bien longtemps, les agriculteurs ont été amenés peu à peu, à appliquer cet amendement en énorme quantité, car il est démontré par les faits que *l'abondance des récoltes et la fertilité du sol sont toujours en rapport avec la quantité de chaux employée.* Dans la Manche, où la chaux grasse n'est livrée à l'agriculture sur une vaste échelle que depuis peu d'années, 15 000 kilogrammes seulement représentent la consommation pour un hectare. Dans la Mayenne, on arrive aujourd'hui à 20 000 kilogr. par hectare. En Belgique, à 30 000 kilogr. Enfin, en Angleterre, la dose ordinaire atteint 50 000 kilogr. par hectare (10 000 kilogr. par *vergée*).

Comme il est assez naturel que l'on n'adopte pas ces chiffres élevés dès les premiers essais, nous conseillons aux cultivateurs, pour lesquels la chaux est encore un amendement nouveau, de répandre seulement 10 000 kilogrammes par hectare. L'avantage évident qu'ils retireront de l'emploi de cette précieuse substance les engagera inévitablement, par la suite, à en augmenter progressivement la quantité.

Modes d'emploi de la chaux.

Sur les terrains en jachère ou récemment labourés et destinés à recevoir une semence, on dispose la chaux en *binots*, c'est-à-dire en petits tas réguliers, également espacés et que l'on a soin de recouvrir d'une couche de terre légèrement tassée par quelques coups de pelle, afin que les pluies ne pénètrent pas trop aisément la masse et ne fassent un mortier.

Binots.

La façon des binots est une opération très-simple et très-rapide : La voiture qui porte la chaux marche en droite ligne dans le champ. A des distances régulières, de 5 en 5 mètres par exemple, elle s'arrête un instant, et un ouvrier qui la suit prend deux ou trois pelletées qu'il arrange en forme de pyramide ; il relève la terre à l'entour, recouvre soigneusement la chaux, frappe légèrement sur les côtés, du plat de sa pelle, et passe à la confection d'un binot suivant et ainsi de suite.

Sous l'influence de l'humidité qu'elle emprunte à l'air, et des pluies qui humectent le binot, la chaux ne tarde pas à foisonner. Elle soulève son enveloppe de terre, l'entr'ouvre de toutes parts et se répand au dehors sous forme de poudre blanche et légère.

Quand les binots sont ainsi devenus blancs, le moment est arrivé de les niveler en répandant la chaux tout à l'entour d'une manière uniforme. Ce travail doit, autant que possible, se faire par un temps sec, et il ne faut pas le retarder au delà de l'instant convenable, de peur qu'une pluie de longue durée ne vienne délayer la chaux maintenant exposée à l'air sans défense.

On a dit que la chaux grasse doit être employée dans la proportion de 10 000 kilogrammes par hectare, ce qui fait 1 kilogramme par mètre carré. D'après cela, on fait généralement les binots de 25 kilogrammes environ, et on les espace de 5 mètres l'un de l'autre. Chacun devra donc couvrir par l'épandage une surface de 25 mètres carrés. Il reviendrait au même de faire des binots de 16 kilogrammes espacés de 4 mètres, ou encore de 9 kilogrammes espacés à la distance de 3 mètres. C'est le premier chiffre qui est préféré.

Tombes. — Composts.

Pour les prés et les herbages cette méthode n'est pas applicable. On conçoit bien que la façon des binots dépouillerait des places d'herbe et nuirait au pâturage. On fait alors des tombes ou tertres de *compost*, c'est-à-dire que l'on emploie la chaux en mélange avec la terre, le fumier et en général avec toutes les substances pouvant avoir un effet utile sur la végétation. Ce moyen est de beaucoup le meilleur, parce que la chaux agit sur les autres matières mélangées avec elle, brûle, désorganise la paille qu'elle transforme en engrais, s'unit aux principes utiles que renferme le compost pour constituer des sels solubles immédiatement assimilables. Aussi les effets des tombes sont-ils manifestes dès la première saison, tandis que ceux des binots se font parfois attendre un an.

Si l'on a à sa disposition des terres, des curures de fossés ou de mares, des balayures de cour de ferme, etc., en quantité suffisante, on fera bien de façonner le compost dans un fossé voisin de l'herbage à engraisser, afin de faciliter les transports tout en évitant de dépouiller une partie du pâturage. Mais le plus souvent on est forcé de recourir à ce dernier moyen pour se procurer la terre qui doit entrer dans la composition de la tombe.

On laboure alors une certaine étendue de terrain en choisissant la portion la plus élevée du champ, afin que l'enlèvement de la terre n'y produise pas une excavation. C'est ce qu'on appelle, dans le Cotentin, *retourner la chancière*. La terre ameublie est relevée à la pelle en forme de tertre de 1 mètre à 1 mètre 20 centimètres de hauteur et d'une longueur variable suivant l'étendue du champ. C'est en ce moment que l'on mêle à la tombe de mauvaises pailles, des feuilles mortes, des plâtras de démolitions, en un mot, tous les débris sans usage dans une ferme et qui cependant peuvent fournir des nitrates, des oxalates et autres sels utiles aux plantes.

En même temps on dispose la chaux à l'intérieur de la tombe de manière à ce qu'elle y soit enfouie et complétement recouverte de terre.

On laisse les choses dans cet état pendant deux et même trois mois jusqu'à ce que la chaux bien éteinte ait eu le temps d'agir sur les matières organiques mises en contact avec elle, et de les transformer en engrais.

Pendant cette macération, la propriété caustique ayant été neutralisée par les combinaisons qui se sont opérées, la chaux ne peut plus nuire au fumier en lui faisant perdre ses principes ammoniacaux. On profite alors d'une journée de beau temps pour recouper la tombe ou la démolir complétement afin d'en mélanger tous les éléments et on y introduit alors le fumier. Le compost, relevé de nouveau en forme de tertre, est laissé en cet état pendant un mois encore, après quoi on le répand sur l'herbage.

L'effet des composts se traduit par une grande activité imprimée à la végétation : les herbes sont plus longues et mieux fournies. De plus, elles doivent prendre des qualités nourrissantes et une saveur spéciale, car les bestiaux dépouillent bien plus complétement un pâturage chaulé que celui où l'on n'aurait mis que du fumier ou de la marne. Les herbes *grasses et sûres* qui croissent dans les lieux ombragés et dont les animaux sont si dédaigneux ordinairement, sont consommées aussi bien que les autres après le chaulage.

Époques de l'emploi de la chaux.

La chaux doit être employée à diverses époques suivant les cultures auxquelles on l'applique. Parmi les céréales, l'orge et le sarrasin reçoivent la chaux après les labours du printemps et en été. On fait les binots en avril, mai et juin, peu de jours avant d'ensemencer. Au contraire, le chaulage pour le blé a lieu dans l'arrière-saison.

Lorsque l'avoine vient en retour du blé, on peut se dispenser de faire un nouveau chaulage, mais cette opération est indispensable pour les avoines d'hiver que l'on fait sur des défrichements, soit de jachères, soit d'anciens herbages.

L'importante culture des racines, appelée à prendre un développement de plus en plus grand dans les pays où l'on engraisse des bestiaux, exige un chaulage soigné et abondant ; il doit être fait : pour les pommes de terre précoces en février, pour semer en mars ; pour les carottes, les panais et les betteraves en mars, pour planter en avril.

Peu de personnes sont dans l'usage de chauler pour le colza ; cependant c'est une méthode qui produit de bons résultats. Elle a été employée dans la Manche avec succès : 7500 kilogrammes ont été mis par hectare au mois de septembre. On a combattu avantageusement de cette manière l'action épuisante qu'exerce le colza sur le terrain.

Sur les prés à faucher on répand les tombes immédiatement après le fauchage, c'est-à-dire en juillet et août, mais le compost a dû être préparé trois mois à l'avance.

Dans les herbages à paître le compost doit être répandu en mars, c'est-à-dire au moment où l'on va mettre les bestiaux au pâturage, afin qu'ils en reçoivent tout l'effet pendant le printemps. Le compost doit être préparé en décembre ou janvier.

CALENDRIER DU CHAULAGE.

Le calendrier du chaulage peut s'établir ainsi :

JANVIER.

On retourne les chancières et on prépare les tombes de compost pour les herbages à paître. On mêle la chaux avec la terre, les débris organiques, les vieilles pailles et sans y mettre de fumier.

FÉVRIER.

On fait les binots dans les champs destinés aux pommes de terre. Si janvier a été humide, on fait en ce mois le compost pour les herbages.

MARS.

Façon des binots pour les plants des racines : le sarrasin, carottes, betteraves, panais, et on répand les tombes sur les herbages à paître.

AVRIL.

On laboure les champs pour l'orge et le sarrasin. On prépare les binots pour cette culture, on recoupe les tombes faites en janvier ou février et on y introduit les engrais, fumier, etc., etc.

MAI.

On répand les binots pour l'orge et le sarrasin. Beaucoup de cultivateurs ne font les binots que dans ce mois.

JUIN.

Le temps sec favorise le chaulage par binots qui se fait en ce mois avec la plus grande activité. On prépare les tombes et les composts pour les herbages et les prés à faucher.

JUILLET.

Le chaulage par binots est à son maximum de développement. Confection des composts pour les herbages.

AOUT.

On chaule pour le blé. On répand les tombes de compost sur les prés récemment fauchés.

SEPTEMBRE.

On chaule les terres pour le colza et le blé. On prépare des tombes pour le printemps.

OCTOBRE.

On chaule encore pour le blé. On profite des beaux jours d'automne pour chauler les terres destinées aux avoines d'hiver et faire les tombes du printemps.

NOVEMBRE. — DÉCEMBRE.

Préparations de tombes pour les herbages à paître si le temps le permet.

NOMBREUX USAGES DE LA CHAUX.

Nous allons jeter un coup d'œil sur les usages secondaires de la chaux en agriculture.

Fumure des pommiers.

Le moyen le plus puissant de faire produire beaucoup aux pommiers, sans les épuiser, consiste à enfouir à leur pied un mélange de terreau, de marc de pommes et de chaux éteinte. Le marc de pommes, qu'on a grand tort de laisser perdre dans les fermes mal tenues, peut rendre à l'arbre la plupart des éléments dont il a besoin pour former son fruit. Ses principes acides sont rendus solubles et assimilables par la chaux qui favorise en même temps la maturation et donne au fruit une force et une vigueur au moyen de laquelle il résiste aux froids du matin et aux brouillards.

La chaux brûle et détruit les germes des maladies.

Lorsqu'un sol un peu humide est resté pendant un certain nombre d'années à l'état d'herbage, la terre est traversée de toutes parts par une infinité de petits filaments blanchâtres qui ne sont autre chose que des champignons microscopiques, des *végétations cryptogamiques*, comme disent les botanistes; ces petits champignons produisent les effets les plus funestes sur les végétaux que l'on pourrait semer sur un sol dans cet état; il suffit de rappeler que la maladie des pommes de terre, la maladie de la vigne, le charbon ou rouille qui détruit des champs entiers de céréales, l'ergot du seigle, etc., n'ont pas d'autre cause que des moisissures semblables; eh bien, la chaux est la seule matière qui puisse s'opposer efficacement à de pareils ravages. Quand elle est mise dans une terre moisie, elle brûle les germes de ces petites plantes destructives, et assainit le terrain qui devient propre à une nouvelle culture.

La chaux empêche le charbon du blé, donne du poids aux épis.

Si l'on ensemençait en céréales, blé, orge, avoine, sarrasin, etc., une terre humide sans y mettre d'abord une quantité suffisante de chaux, on s'exposerait à voir la récolte envahie et perdue par le charbon, la rouille ou toute autre maladie de ce genre; tout au moins la majorité des épis seraient creux, légers et vides, car il est bien connu que c'est principalement à la proportion de chaux qu'ils renferment que les épis doivent la propriété d'être pesants et bien garnis.

La chaux en poudre arrête la maladie des pommes de terre et autres végétaux.

Lorsqu'une maladie se déclare dans une récolte, on peut toujours l'arrêter par l'emploi de la chaux en poudre; ainsi les pommes de terre, les betteraves, le colza, peuvent être préservés en répandant de la chaux sur leurs feuilles.

Elle détruit les insectes nuisibles.

Enfin cette substance caustique a encore la propriété de détruire les vers, les larves de hannetons vulgairement nommées *mans* ou *vers blancs*, de chasser les taupes, les mulots et tous les animaux malfaisants qui vivent dans la terre et y font tant de ravages en s'attaquant aux racines des plantes; ils ne peuvent pas vivre dans une terre bien chaulée; ils y périssent ou bien s'en vont ailleurs.

Le chaulage des semences est un préservatif des maladies.

Rappelons que le chaulage de la semence de blé est une opération qu'un fermier soigneux ne néglige jamais : le blé destiné à être semé est préalablement lavé dans un lait de chaux, ce qui le rend inattaquable par les insectes et inaccessible aux diverses maladies des céréales.

Destruction des charançons.

Tout le monde sait quel terrible fléau est le charançon qui dévore le blé dans les granges et les greniers : le meilleur moyen pour s'en débarrasser est de répandre une couche de chaux vive sur le sol du grenier autour du tas de blé. Si celui-ci est gravement attaqué, il faut même le mélanger intimement à la pelle avec la chaux en poudre sèche et le laisser sept à huit jours dans cet état, en recoupant le mélange une ou deux fois. On se débarrasse ensuite de la poudre de chaux par le vannage. Cette méthode est la seule qui puisse détruire complétement le charançon; la feuille et la tige de chanvre, les feuilles de rue et les autres moyens proposés quelquefois pour la destruction du charançon restent tout à fait impuissants.

Blanchiment des maisons et des écuries.

Le blanchiment des habitations et des étables, au lait de chaux, est une opération que l'on doit renouveler au moins deux fois par an; la chaux est un désinfectant qui absorbe toutes les émanations délétères pour les hommes et les animaux.

Conservation des fruits et des racines.

Nous ne parlerons que pour mémoire de l'emploi que l'on peut faire de la chaux comme substance conservatrice des fruits et des racines qui servent à l'alimentation des bestiaux dans les fermes; les pommes recouvertes d'une petite couche de chaux en poudre ne sont pas exposées à se gâter; le seul moyen d'empêcher la putréfaction des pommes de terre dans les granges consiste à les déposer sur un lit de chaux et à les saupoudrer uniformément de la même substance.

Les betteraves, si difficiles à conserver pendant l'hiver, sont parfaitement préservées de la fermentation et de la moisissure par le même moyen. — La poudre de chaux se détache ensuite très-aisément de ces racines au moment où on veut les consommer, d'ailleurs on sait que la chaux, surtout en petite quantité, ne peut nuire ni aux animaux ni aux hommes.

Emploi dans les fumiers et les litières.

Enfin l'emploi de la chaux sous la litière des bestiaux, et disposée en couches minces et uniformes dans les tas de fumiers qui s'accumulent dans les cours des fermes, est la source d'énormes avantages pour le cultivateur intelligent qui pratique cette méthode.

Objections.

Quelques personnes prétendent que ce système est plus nuisible qu'utile, c'est là une erreur qui provient de ce qu'on n'aura pas su faire un usage rationnel de la chaux. Il est certain que si l'on met de la chaux vive sur un fumier déjà consommé, la chaleur dégagée pendant le foisonnement et l'action chimique de la chaux vive pourront décomposer certaines matières utiles à la végétation et en feront perdre une partie dans l'air à l'état de gaz; mais, ce n'est pas ainsi que l'on doit opérer.

Mode d'emploi.

Il faut toujours se servir de chaux en poudre déjà éteinte dans l'eau et ne la mélanger qu'à des fumiers pailleux et encore frais. La chaux hâte la désorganisation de la paille, absorbe et retient le purin et forme lentement des sels végétaux que les plantes s'assimileront ensuite aisément.

Usage général dans la Mayenne.

Dans la Mayenne où l'on est si avancé pour l'emploi de la chaux, on opère toujours ainsi et une longue expérience démontre la perfection du procédé.

On fait par cette méthode d'excellents fumiers en entassant des couches alternatives de chaux et de paille humide, ou même de jeunes branches, des feuilles de débris divers, etc. Objets sans valeur que l'action de la chaux transforme rapidement en excellents engrais.

Épizootie.

Sous la litière des bestiaux, dans les étables à moutons, etc., la chaux agit d'abord comme il vient d'être dit, en formant un engrais plus riche et plus puissant, et de plus c'est un assainissement actif qui préserve les animaux de ces terribles maladies contagieuses qui déciment les troupeaux.

TABLE DES MATIÈRES.

Paris. — Imprimerie de Ch. Lahure et Cie, rue de Fleurus, 9.

BRIQUETERIE DU PORRIBET.

DRAINAGE.

	Diamètre.	Longueur.	Poids.	Prix du mille à l'usine.
Drains de................	0m,03	0m,31	0k,600	25 fr.
Id..................	0m,04	»	0k,650	30
Id..................	0m,06	»	1k,250	45
Id..................	0m,10	»	1k,775	100

BRIQUES.

Briques creuses (à 2 trous) de....................	0m,11 sur 0m,21	1k,550	45
Briques creuzet, pour plâtriers et fumistes, de...	0m,15 sur 0m,21	—	60
Grosses poteries creuses de diverses dimensions (pour bâtiments) à 8, 9, 16 trous....................			90 à 100

MACCADAM, ou pierres cassées de très-bonne qualité, pour **ROUTES,**
AUX PRIX LES PLUS MODÉRÉS.

S'adresser à MM. A MOSSELMAN et Cie, à la Rocque, commune de la Meauffe (Manche), et à toutes les *stations* des chemins de fer de Paris à Cherbourg et de Caen à Alençon.

Paris. — Imprimerie de Ch. Lahure et Cie, rue de Fleurus, 9.

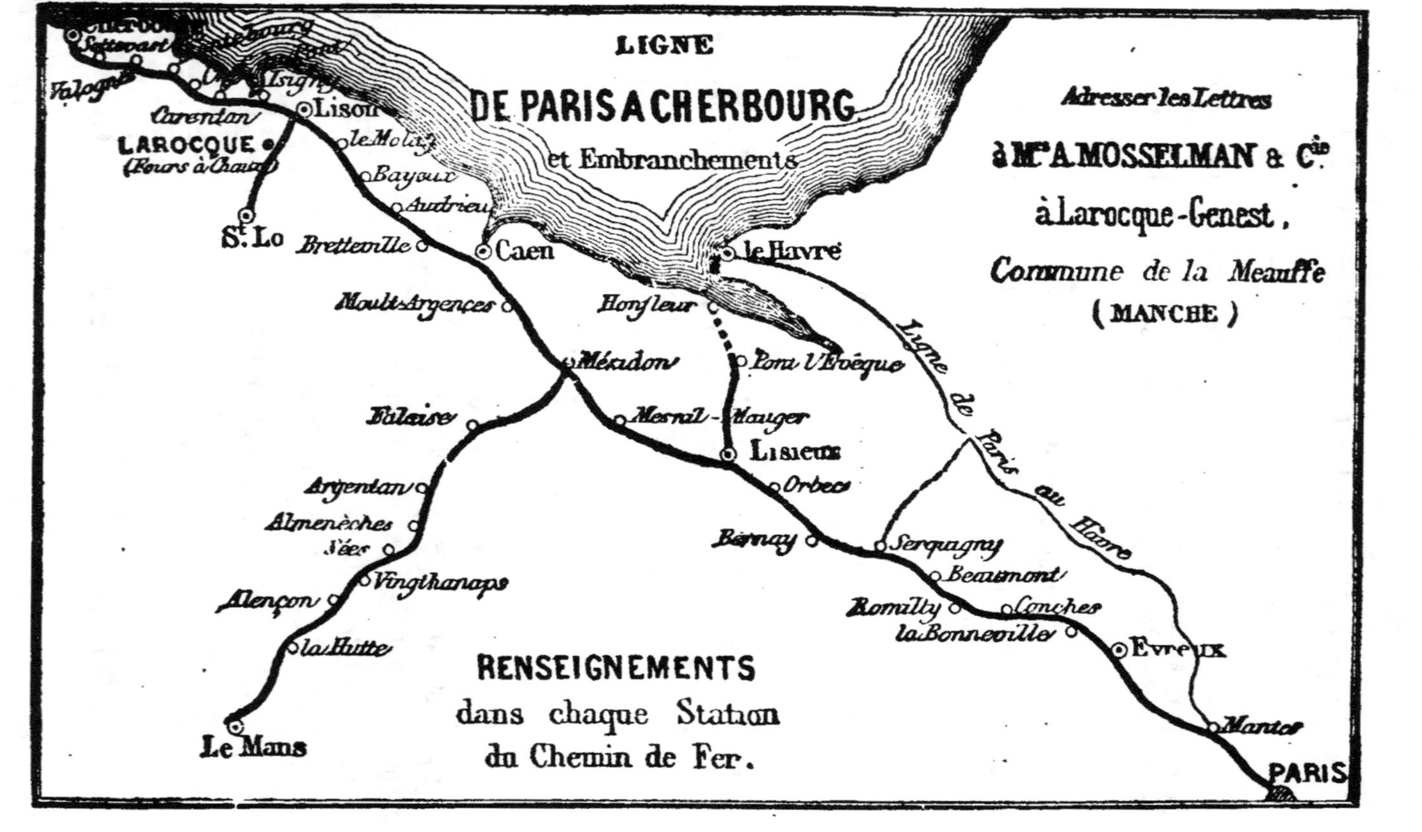

LIGNE
DE PARIS A CHERBOURG
et Embranchements
Adresser les Lettres
à Mr. A. MOSSELMAN & Cie
à Larocque-Genest,
Commune de la Meauffe
(MANCHE)
Valognes
Lison
Carentan
LAROCQUE
(Fours à Chaux)
le Molay
Bayeux
Audrieu
St. Lo
Bretteville
Caen
le Havre
Moult-Argences
Honfleur
Mézidon
Pont l'Evêque
Ligne de Paris au Havre
Falaise
Mesnil-Mauger
Lisieux
Orbec
Argentan
Almenèches
Séez
Vingthanaps
Alençon
la Hutte
Bernay
Serquigny
Beaumont
Romilly
Conches
la Bonneville
Evreux
Mantes
PARIS
Le Mans
RENSEIGNEMENTS
dans chaque Station
du Chemin de Fer.

www.ingramcontent.com/pod-product-compliance
Lightning Source LLC
LaVergne TN
LVHW050221180726
843501LV00013BA/2176

* 9 7 8 2 3 2 9 6 5 1 3 0 9 *